流淌的中华文明史

中国人的宴席

杜 莹◎编著 朝画夕食◎绘

四川少年儿童出版社

图书在版编目（CIP）数据

流淌的中华文明史. 中国人的宴席 / 杜莹编著；朝
画夕食绘. -- 成都：四川少年儿童出版社, 2024.9.
ISBN 978-7-5728-1613-0

Ⅰ. K203-49；TS971.202-49

中国国家版本馆CIP数据核字第202428PB19号

出 版 人：余 兰
编 著：杜 莹
绘 者：朝画夕食
项目统筹：高海潮 周翊安
责任编辑：程 骥

封面设计：张 雪 汪丽华
插画设计：夏琳娜 赵 欣 马 露
美术编辑：苟雪梅
责任印制：李 欣

LIUTANG DE ZHONGHUA WENMINGSHI ZHONGGUOREN DE YANXI

书 名：流淌的中华文明史 中国人的宴席
出 版：四川少年儿童出版社
地 址：成都市锦江区三色路238号
网 址：http://www.sccph.com.cn
网 店：http://scsnetcbs.tmall.com
经 销：新华书店
印 刷：成都鑫达彩印印务有限责任公司

成品尺寸：203mm×203mm
开 本：20
印 张：5
字 数：100千
版 次：2024年10月第1版
印 次：2024年10月第1次印刷
书 号：ISBN 978-7-5728-1613-0
定 价：25.00元

你知道吗？

姓名： 夏小满

身份： 问题研究所所长

个性： 热爱历史，对万事万物充满好奇心。

口头禅： 你知道吗？

最大的愿望： 发明时空门，穿越回古代，亲眼看看那些历史名人是不是和书本上画的一样。

为什么呢？

夏小满的同桌和邻居

姓名： 王大力

身份： 问题研究所首席研究员

个性： 热衷考古和品尝各地美食。

口头禅： 为什么呢？这到底是为什么呢？

最大的愿望： 守护、传承中华文明，探寻历史长河里所有有趣好玩的故事。

好吃

问题

古人也爱吃生鱼片？

名医

妙手回春

野鸡汤居然能治病？

用力一

虫子的尿也能变成甜甜的糖？

研究所

喝这个？

古代也有各种饮料店？

上千人的火锅局你见过吗？

1号

2号

5号

3号

4号

谁的马甲有它多？

古人的餐桌上会有哪些美食呢?

美酒佳肴呗!

面条、饺子、点心、
果汁、烤肉、豆腐、
生鱼片……

美滋滋

这些食物是何时在中国出现的呢?

快跟着问题研究所的小满和大力去品味中国人的宴席吧!

目录

01

原始先民吃什么？

生鱼片、生肉片系列

在人类的蒙昧时期，我们的饮食和动物几乎没有区别。

就是有一点点费牙。

我们不讲究，直接生吃。

东汉的历史学家班固在《白虎通义》中说过，远古时期的人类只知道自己的妈妈是谁，不知道自己的爸爸是谁。

我们还处在母系氏族社会嘛。

老生病 体质差 寿命短

在没有学会用火之前，人们饿了就生吃鸟兽的肉，或者捡一些草、木的果实来吃，渴了就喝溪水河水，甚至喝动物的血，冷了就披上兽皮。吃生食严重影响了人们的身体健康。

先秦的古籍里有关于有巢氏的传说，他教会先民在树上用木头搭房子居住，教会人们食用果实和捕捉动物为食。为了让生肉便于食用和消化，他还发明了"脍""捣""脯""鲝"等烹饪方法。

kuài
fǔ
zhǎ

脍	用石刀把肉割成薄片后食用。
捣	用石锤把肉捣松散后食用。
脯	把肉割成片风干后食用。
鲝	把肉用盐和硝等化学原料腌制后食用。

你知道吗？

到了周代，人们的饮食已较为丰富。周代天子级别的大餐会吃些什么呢？

下面来给大家隆重介绍一下周天子和贵族专享的美味——周八珍。"八珍"，顾名思义就是八种在周代被视为珍馐美味的菜肴。

淳熬

浇着肉酱的稻米饭。

淳母

浇着肉酱的黍米饭。

渍

把新鲜的牛、羊、鹿肉切成薄片，放入酒中浸泡一夜。

肝膋 liáo

用猪网油包裹狗肝，撒上调料后用火烤。

捣珍

将肉类反复捶捣到绵软，然后烹熟食用。

熬

将肉类捶捣松软，洒上调料腌制后食用。

炮豚

烤乳猪

炮羊

烤羊

中国古代的很多典籍里都记载了燧人氏钻木取火的传说。后人尊称燧人氏为"火祖"。

燧人氏不但传授大家取火的方法，还教大家用火来烤食物。鱼虾蟹贝这些水产，生吃会有很重的腥味，但是有了火之后，就可以用火烤熟了吃，这样不但去掉了腥味，而且味道会变得更鲜美。

火攻开始——

烫！烫！

救命！

除了海鲜河鲜，先民们还把捕获的禽鸟走兽的肉直接放到篝火上进行烧烤。

用火来烤，可以除去生肉的腥臊味，也不容易拉肚子。

渐渐地，人们创造了以"石烹"为标志的一系列烹饪方法。

páo
炮

用火来直接烤果子、肉类等食物。

bāo
煲

用泥裹住果子和肉类之后放在火里烧烤。

lào
烙

用烧红的石子把水中的食物烫熟。

bèi
焙

先把石片烧热，再把植物种子放在上面炒熟。

厉害!!

áo
熬

在石器里装上水，把食物放在水里再移到火上煮。

从茹毛饮血吃生食过渡到食用火烤的熟食，标志着人们告别野蛮，走向文明。中华先祖们的饮食开始向更健康、更美味的方向大步迈进。

你知道吗？

小家伙们吃饭啦！

"吃饭"这个说法是怎么来的呢？

为什么要说"吃饭"，不说"吃米"呢？

先民虽然已经学会了用火，但是火是在灶坑烧的，烹饪受到了限制。传说中，黄帝改灶坑为炉坑，发明了最早的蒸锅——陶甑(zèng)，教先民蒸谷为饭，烹谷为粥。从此，"吃饭"的概念诞生了。这一饮食习惯一直延续到了今天。

陶甑

蒸

03

能治病的"中华第一羹"

的

野鸡汤

人们需要食物带来的美味享受，更需要从食物中吸收身体所需要的营养。在古代传说中，有位叫彭祖的人物，他不仅因长寿而为后人所熟知，还发明过一道营养又美味的羹汤。

营养

美味

快来跟我学，好吃又健康！

中华第一寿星啊。

传说彭祖活到700多岁，仍然眼不花、耳不聋，背不驼！

牛

都不想吃，没胃口。

该我出手了！

彭祖的厨艺水平很高。有一次尧帝身体不适，什么都吃不下。彭祖精心烧制了一道雉羹，也就是野鸡汤，献给尧帝。神奇的事情发生了，尧帝喝了野鸡汤后，身体慢慢好转。尧帝很高兴，封彭祖为彭地的首领。

在烹饪技术还不发达的时代，又稠又滑的羹被人们用来搭配各种干硬的食物。根据古籍记载，彭祖主张根据不同的时节、气候进食相适宜的食物，提倡吃东西要有节制、重调和。传说中由他创制的野鸡汤，体现出先人们对食物养生功能的重视。

我要当个快乐又健康的美食家。

嗝

你知道吗？

中国古人很早就认识到饮食营养的合理搭配对身体健康有着重要的作用，并留下了很多不朽的医学巨著。你知道中国第一部营养学专著是什么吗？

中国第一部营养学专著是元代著名医学家忽思慧编写的《饮膳正要》，书中的食疗方和药膳方非常丰富。忽思慧认为饮食就像药一样，需要重视搭配调和，如果搭配不好，很可能会危害身体健康。

04

黄豆粒的百变魔法

的 豆腐

豆腐在古代被称为"软玉""小宰羊"，更被今人誉为"国菜"。它是土生土长的中国美食，味道鲜美，营养丰富。上至达官贵人，下至平民百姓，都好这一口。

不就是一块普通的白豆腐吗？

都叫"小宰羊"了，营养价值能不高吗？

"软玉"

登场

相传豆腐是西汉时期淮南王刘安发明的。

传说，刘安的母亲非常喜欢吃黄豆。有一次她因为生病不能吃整粒黄豆，孝顺的刘安就想了个主意：他把黄豆磨成粉，又怕粉太干难以下咽，就在豆子粉里加了清水熬成豆乳，但是又担心没有味道，就加了些盐卤，结果出现了神奇的豆腐花。刘安的母亲吃了很高兴，喊着第二天还要吃。就这样，豆腐被发明了出来。

黄豆

粉

豆乳

豆腐花

呜呜呜，我要给妈妈吃最好的！

当然这只是传说，豆腐更有可能是刘安在组织方士们炼丹的时候无意发明的。方士们在炼丹时会使用许多矿物，他们偶尔发现石膏或其他盐类可以凝固豆乳，于是经过探索做出了豆腐。

以豆腐为原材料，能制作出一道道芳香四溢、令人回味无穷的美味佳肴：

我是来自成都的"麻婆豆腐"。

我是来自绍兴的臭豆腐。

我是来自诸暨的"西施豆腐"。

我是客家人的名菜"酿豆腐"。

你知道吗？

在汉语中有很多跟豆腐相关的歇后语，要来考考你喽！

卤水点豆腐—— ☐ ☐ ☐ ☐ ☐　　　　豆腐补锅—— ☐ ☐ ☐ ☐

豆腐做匕首—— ☐ ☐ ☐　　　　小葱拌豆腐—— ☐ ☐ ☐ ☐

木耳浇豆腐—— ☐ ☐ ☐ ☐　　　　刀切豆腐—— ☐ ☐ ☐

答案：卤水点豆腐——（一物降一物）　　木耳浇豆腐——（黑白分明）　　小葱拌豆腐——（一清二白）
豆腐做匕首——（软刀子）　　豆腐补锅——（不牢靠）　　刀切豆腐——（两面光）

05

中国人的理想快餐

面条

面条起源于汉代，至今已有 2000 多年的历史，当时所有的面食都被称作"饼"，在汤中煮食的称为"汤饼"。"汤饼"跟现在细长的面条做法不太一样，制作的时候，一手拿着面团，一手往锅里撕片。

这不有点儿像现在的"揪面片"。

在北魏时期，人们在做面条时使用案板、擀面杖、刀等工具，将面团擀成薄片后再切成细条，外形跟现在的面条很像。

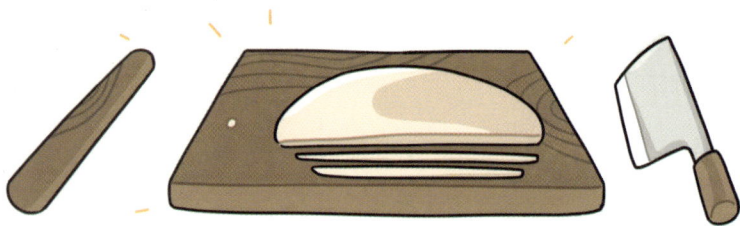

唐代是面食大量出现和推广的时代。

　　当时经济繁荣，粮食扩大种植，小麦年年丰收，对于如何将麦子加工成粉，人们越来越有心得。他们通过人力、畜力来推磨磨粉，或者利用自然力，用水车转动碾磨，这样不但得到了细腻的面粉，而且提高了生产效率，从而降低了面粉的价格，面食开始在民间普及起来。

到了宋代，"面条"这个词开始正式通用起来。

　　《东京梦华录》里面关于美食店铺的记载就提到了"面"。各种色香味俱全的面条在宋代层出不穷：鸡丝面、三鲜面、羊肉面、鳝鱼面……

这是杂技表演吧！

到了明代，还出现了技艺高超的抻面。
chēn

担担面

面条细薄，肉臊酥香，咸鲜微辣，香气扑鼻。

这不就是方便面的鼻祖嘛。

配料：面粉、辣椒红油、芝麻酱、葱花等。

伊府面

营养全面，酱香浓郁，美味看得见！

面条成分：鸡蛋、面粉、油。面条先煮熟再油炸，可以贮存起来，饥饿时下水一煮就可以吃了。

炸酱面

配料：面条、猪肉丁、黄酱、各色蔬菜、葱姜蒜等。常见的炸酱是猪肉丁炸酱。

热干面

刀削面

配料：面条、番茄酱打卤、肉炸酱、羊肉汤、金针木耳鸡蛋打卤等。

配料：面条、萝卜丁或榨菜、葱花、芝麻酱、香油、辣椒油、酸豆角等。

你知道吗？

中国的"五大名面"有哪些呢？

四川担担面、两广伊府面、北京炸酱面、山西刀削面、武汉热干面。此外，兰州牛肉面、河南烩面等品种也有众多支持者。

饺子可是中国面食界的重量级选手。相传饺子起源于东汉时期，是医圣 张仲景 发明的，距今已经有 1800 多年的历史了，深受老百姓的喜爱。

饺子有很多的叫法：

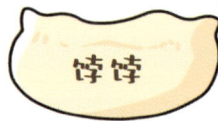

馄饨

角子

扁食

饽饽

你的外号可真多啊！

这些都是我的马甲。

传说，医圣张仲景辞官回乡。当时正值寒冬腊月，他看到老百姓饥寒交迫，两只耳朵都冻伤了，于是在当地支起一口大锅，将羊肉、花椒和一些祛寒提热的药材一起熬煮，还用面皮包成耳朵形状，煮熟之后连汤一起赠送给穷苦的老百姓。百姓们称之为"祛寒娇耳汤"，从冬至吃到除夕，不但抵御了严寒，还治好了冻伤。此后，大家纷纷模仿制作这种食物。

这种药材也来一点儿。

烙

蒸

煎

煮

炸

饺子的烹饪方法有很多，可以蒸、煮、烙、煎、炸等，饺子馅更是多种多样，荤素不限，咸甜皆可。

各地特色饺子军团：

虾饺

上海锅贴

扬州蟹黄饺

东北老边饺子

四川钟水饺

你知道吗？

大年三十包饺子是中国民间过年的习惯，你知道年三十吃饺子有哪些规矩和习俗吗？

在包饺子的时候，人们常常将硬币、糖、花生、枣子之类的东西包进馅料里，寓意吃到硬币的来年财源滚滚，吃到糖的日子更加甜蜜，吃到花生的健康长寿，吃到枣子的早生贵子。而且饺子一般在夜里十二点之前包好，等到十二点，也就是古人的半夜子时，才会食用。这寓意着"更岁交子"，"子"为"子时"，交与"饺"谐音。人们用这种方式表达对家人平安、喜庆团圆的美好祝愿。

07

点点心意送给你

点心

点❤选美大赛

"点心"是指正餐以外的糕点食品，在中华美食榜上，点心或许不是王牌，但绝对占有一席之地。经过我国劳动人民的长期实践，尤其是点心大师们的巧思妙手，点心的品种和口味越来越丰富。

吃 吃

买了好多！

点心天堂

怎么来的呢？「点心」这个名字是

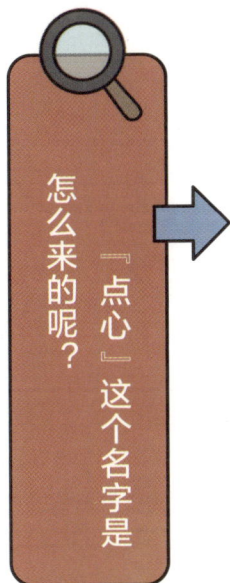

传说南宋女英雄梁红玉击鼓退金兵时，见到将士们英勇杀敌，深受感动，于是命令部下制作了各种在民间深受喜爱的糕饼，火速送往前线慰劳浴血奋战的将士们，以表达"点点心意"，"点心"这个词就这样出现了。

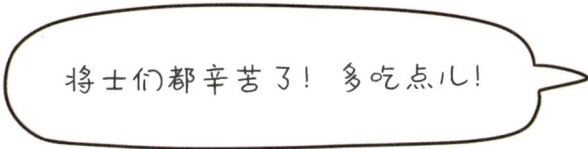

将士们都辛苦了！多吃点儿！

在唐代，甘蔗的广泛栽培和印度制糖技术的传入，增加了糖的产量，为甜食的开发和普及提供了良好的发展条件，各式糕点正是在此时进入了蓬勃发展期。

闻名天下的苏式糕点便是起源于 隋唐时期 。苏式糕点的口味偏甜，馅料多用果仁、猪板油丁，用桂花、玫瑰调香。著名品种有枣泥麻饼、苏式月饼、杏仁酥、芝麻酥糖、八珍糕、猪油松子酥、椒盐桃片、云片糕、马蹄糕、百果蜜糕等。

北方糕点以京式糕点为代表，后者是北京地区的特产。

京式糕点和苏式糕点一样受到大家的喜爱。这类点心有重油、轻糖、酥松绵软等特点，其中最有代表性的就是"京八件"。你知道什么是京八件吗？

京八件又叫"大八件"，指八种形状、口味不同的京式糕点，原为明清宫廷糕点，后流传至民间。它们以枣泥、青梅、葡萄干、玫瑰、豆沙、白糖、山楂、椒盐等八种原料为馅，用猪油、水和面做皮，形状一般做成扁圆、如意、桃、杏、腰子、枣花、荷叶、卵形等八种形状。以皮包馅，烘烤而成。

08

风靡大江南北的"咕咚"锅

火锅

因为食物投入沸水时会发出"咕咚"的声音，所以在古代，火锅曾被叫作"古董羹"。这个"古董羹"可是中国独创的美食之一，老少皆宜，风靡大江南北。

麻辣火锅

鸳鸯火锅

清汤火锅

云贵酸汤火锅

潮汕牛肉火锅

火锅食材包括各种肉类、海鲜、蔬菜、豆制品和菌菇等。

早在商周时期，原始的火锅便已出现了。在举行祭祀或庆典时，大家围在青铜鼎的四周，将牛、羊肉放入鼎中煮熟后分着吃。

绿蚁新醅酒，
pēi
红泥小火炉。

等到三国时期，出现了锅内分几格，类似今日"鸳鸯锅"的火锅。唐宋时期，随着经济的发展，火锅流行的区域不断扩大，当时还流行一种陶制的火锅食具。

小火炉

明清时期火锅的新花样更是层出不穷。

说的是我吗？

那么称霸中国北方火锅界的涮羊肉是怎么来的呢？

好吃！赏！

相传，有一年冬天，元世祖忽必烈在行军中忽然要吃羊肉，聪明的厨师情急之下将羊肉切成薄片，放入开水中烫熟，加上调料后呈上。忽必烈品尝之后赞不绝口，将这道菜赐名为"涮羊肉"。

把我觉得最好吃的火锅分享给大家!

千叟宴

你知道吗?

历史上最盛大的火锅宴发生在什么时候,又是谁主办的呢?

说到这场盛宴,就要说到我们大名鼎鼎的乾隆皇帝了。作为一个"吃货",他酷爱火锅。嘉庆元年正月,他摆下了千叟宴,据说上了火锅 1550 余个,参加者达 5000 余人。这场宴会也成为历史上最大的一次火锅盛会。

09

我们个个不一样！

小吃

一说到各地的小吃，想必大家一定食指大动。香甜、麻辣、酸爽等各种滋味各不相同；嫩滑、酥脆、细腻等各种口感变化多端。在中华民族饮食文化的画卷中，小吃就好像几抹绚烂的色彩，为整幅画卷增添了独特的韵味和生气。

中国的小吃因为不同地区选料、口味、技艺的不同形成不同流派和风格。

小吃界三巨头

京式　苏式　广式

我们准备好品尝美食了！

京式小吃

京式小吃泛指黄河以北地区制作的小吃，以北京小吃为代表。北京小吃融合了汉族、回族、满族等各民族民间小吃特色，又受到宫廷饮食的影响，有的风格粗犷，有的精致高雅。

苏式小吃

苏式小吃泛指长江中下游江浙一带制作的小吃，主要以江苏小吃为代表。苏式小吃花色繁多，制作精良。

名小吃榜

萨其马　炒肝　卤煮火烧　白水羊头　驴打滚　豆汁　爆肚　豌豆黄

名小吃榜

蟹黄烧麦　苏式蜜饯　葱油火烧　翡翠烧麦　鸭血粉丝汤　紫米八宝饭　扬州煮干丝

广式小吃

广式小吃泛指珠江流域及华南沿海一带制作的小吃，以广东小吃为代表。广式小吃博采众长，中西并蓄。

名小吃榜

双皮奶　鸡仔饼　酥皮莲蓉包　薄皮鲜虾饺　状元及第粥　潮州牛肉丸　腐乳饼

你知道吗？

除了京式小吃、苏式小吃、广式小吃，西北的秦式小吃、西南的川式小吃等其他地区小吃也令人垂涎欲滴。让我们看看下面这些琳琅满目的小吃，都来自哪里吧！

眼馋

成都龙抄手

哈尔滨红肠

兰州酿皮

昆明过桥米线

天津狗不理包子

西安羊肉泡馍

新疆羊肉串

柳州螺蛳粉

桂林米粉

澳门蛋挞

香港菠萝包

台湾蚵仔煎

如果要给最能讨全人类欢心的食物排个名，糖要说第二，怕是没谁敢说第一了。糖不但可以制作成各种糖果单独食用，还是烹饪时重要的调味品。中国是世界上较早掌握制糖技术的国家之一。糖在古代有许多称呼，比如饴、饧(xíng)等。

糖

我们的使命是：传播快乐！

早在先秦时期，聪明的中国人就已经知道如何利用粮食获得糖了。

麦芽糖是古人最早制出的糖。

好可爱呀！

我觉得我这个更可爱！

　　麦粒发芽、发酵，再榨汁熬煮就可以得到麦芽糖。麦芽糖色泽金黄，黏性很大，含水量较高的麦芽糖叫作"糖稀"。糖人、糖画还有搅搅糖这些好吃又好玩的零食都是用它做的。除了做零食，糖稀还经常用在烹饪中，比如北京烤鸭的鸭胚在进炉前，就要淋上几遍糖稀，这样烤出来的烤鸭外皮色泽枣红，香气诱人。

　　把糖稀继续熬煮到几乎没有水分，再通过反复拉伸揉搓，会有大量空气混入，糖块的颜色开始发白并且硬化，这就是中国的传统零食"灶糖"了。拉成长棍裹上芝麻的叫关东糖，圆溜溜的叫糖瓜。

糖瓜

关东糖

灶糖

除了麦芽糖，蔗糖在中国也早有纪录。

中国人种植甘蔗的历史可以追溯到战国时期，到了唐代，中国人从印度引入先进的制糖技术，完善了蔗糖制作工艺，并将蔗糖进一步加工成冰糖。

你知道吗？

甜甜的蜂蜜大家不陌生吧？勤劳的小蜜蜂在花丛中忙碌，酿出香甜的蜂蜜。那么蜂蜜的原料都是来自花吗？

蜂蜜的原料并不一定来自花，还可能是"虫子尿"。

这种用"虫子尿"酿出来的蜂蜜叫作甘露蜜。蚜虫、介壳虫等昆虫经常寄生在乔木上，靠吸食树干里的树液为生。树液中含有糖分和氨基酸等营养物质，但这些小虫子的身体构造很难消化吸收，尤其是糖，没有被消化的部分会被小虫子排出体外，形成的液体就是"甘露"。蜜蜂会采集"甘露"带回蜂巢，酿出来的蜜就是甘露蜜了。

11

干饭人的灵魂佐料

的 辣椒

辣椒原产于美洲墨西哥、秘鲁一带，最早是印第安人种植的。15世纪末探险家 哥伦布 到达美洲后，辣椒先是被引入欧洲，之后迅速传播到全世界。

明明可以靠颜值
偏偏还要拼实力

辣椒是什么时候传入中国的呢？

据说辣椒是在明代后期传入中国的，不过刚开始引入中国的辣椒并没有被直接端上餐桌，而是被移植进花盆，被人们当作一种观赏植物看待。

什么啊，我完全被大材小用了吧！

我很重要的，好吗？！

盐

作为观赏植物存在了100多年后，直到清代康熙年间，辣椒才被贵州人搬上了餐桌。在当时食盐缺乏的贵州，辣椒起到了代替盐的作用。

川菜的魅力简直无敌！

清末的时候，湖南人和湖北人已经嗜(shì)辣，甚至连汤里都要放辣椒。至于四川，更是漫山遍野都种上了辣椒。

火辣辣组合

花椒

茱萸

辣椒

在辣椒传入中国之前，老百姓吃辣吗？

当然也吃辣，不过民间主要的辛辣调料是姜、花椒和茱萸。辣椒传入之后，迅速代替了茱萸，成为人们寻求辣味的主要调料。

中国有著名的"八大菜系"，你知道它们是哪些吗？

八大菜系包括鲁菜、苏菜、粤菜、川菜、浙菜、闽菜、湘菜、徽菜。除了这八大菜系，其他省市如江西、湖北、台湾、香港等也有各自独具特色的食物。

好多　啊!!

八大菜系里以辣著称的有哪些呢？

川 菜

麻辣鲜香，百菜百味。

宫保鸡丁　水煮牛肉　麻婆豆腐

......

湘 菜

味重色浓，酸辣鲜香。

麻辣仔鸡　剁椒鱼头　腊味合蒸

......

12

好火的一碗汤啊

gēng
羹汤

在古代，今天的汤曾长时间被称为"羹"。最初，祖先们喝的汤很 简单 ，只是煮食材的水；后来，人们用大量的水和各种蔬菜、肉类、海鲜一起炖煮，并尝试着放入不同的作料、使用不同的火候、炖煮不同的时间，羹汤的种类越来越丰富。

香味

滋味

还缺什么，我再去拿。

在烹饪技术尚不发达、菜肴也比较单一的上古时代，羹汤是饭食的重要搭档，在《礼记》中还提到了用餐的时候，饭食放在左边，羹汤放在右边。

左 右

秦汉时期，羹汤的品种开始丰富起来了，有钱人喝肉汤，穷人只能喝菜汤。

魏晋时期，除了肉羹菜羹之外，鱼羹和甜羹也广受欢迎。

中国的羹汤有很多种类：

清汤
加热时间短，汤汁清淡，保持食物口感的嫩滑。

高汤
一般选用猪骨、鸡骨、牛骨、鱼骨等长时间炖煮而成。高汤常被用作汤底来烹饪其他食材。

浓汤
以高汤作汤底，添加各种食材一起煮，然后用淀粉勾芡，汤汁呈浓稠状，比如玉米浓汤。

甜汤

制作甜汤的食材种类很多，常见的有红豆、绿豆、花生、黑糯米、芝麻、核桃等。

广东人称甜汤为"糖水"，不同的糖水有美容养颜、滋补润肺等不同功效。

你知道吗？

中国的著名羹汤你认识多少呢？试着填填看吧。

 河南
（　　　　）

 杭州
（　　　　）

 福建
（　　　　）

 厦门
（　　　　）

 四川
（　　　　）

 台湾
（　　　　）

 上海
（　　　　）

 南京
（　　　　）

 广东
（　　　　）

尝尝看就知道了！

（答案：河南：胡辣汤 上海：双皮奶 台湾：粉圆 福建：四果汤、佛跳墙 杭州：藕粉羹 厦门：花生汤 四川：酸辣粉 广东：糖水）

酒在人类饮食史中有重要地位。我们国家酿酒的历史悠久，是世界上最早用酒曲酿酒的国家。

这样就变成酒了吗？

根据考古发现，在出土的新石器时代的陶器中，已经有专用的酒器了，当然那个时候的酒还很原始。

古人贮藏谷物的方法比较粗放，天然谷物受潮后会发霉发芽，吃剩的熟谷物也会发霉。淀粉在自然界微生物所分泌的酶的作用下，逐步分解成糖分、酒精，聪明的古人因势利导，通过加工酿制，将谷物转变为香气浓郁的酒。

夏商时候已经用酒曲来酿酒了，酿酒技术有了显著的提高。夏朝酒文化十分盛行，当时有一种叫爵的酒器，既是酒具，又是礼器，在中华文化史上具有重要地位。

地位 不凡

爵

在出土的殷商文物中有很多青铜酒器，说明当时饮酒的风气很盛。司马迁的《史记》中就有有关商纣王"酒池肉林"的记载。

爱妃，我们接着喝~

从汉代到唐代，随着酿酒技术的发展，以及丝绸之路兴盛带来的中西文化交流，名酒的种类越来越多，比如新丰酒、剑南酒和乌程酒等。后来随着蒸馏技术的发展，举世闻名的中国白酒至迟于元代出现。

蒸馏酒

你 知 道 吗 ？

中国的名酒，你能说出几种呢？

记笔记

贵州茅台

世界三大蒸馏名酒：

苏格兰威士忌

法国白兰地

历史上有许多关于我的传说！

陕西西凤酒

剑南春

古井贡酒

五粮液

泸州大曲

青岛啤酒

绍兴加饭酒

竹叶青酒

汾酒

14

风靡全球的东方树叶

茶

茶是当今世界最流行的三大非酒精类饮料之一。茶的原产地就在中国。"开门七件事：柴米油盐酱醋茶。"茶在中国人心目中的地位可见一斑。

另外两种是咖啡和可可。

好香！

我觉得还是茶更香一点儿。

咖啡

可可

一般认为中国人对茶叶的开发利用可能始于史前，西南地区是茶树的老家。早在西汉时期，茶已经是中国人日常饮用的一种饮料了。

到了魏晋时期，茶因上层人士的饮茶活动更为风行。三国时期的吴国就已经将茶叶作为奖励赏赐给大臣。

魏晋时期南方普遍种植茶叶，不过那时候饮茶的方式在今天看来难免有些怪异：先将茶叶碾成细末，加上油膏等，做成茶饼或者茶团。喝的时候将茶饼茶团捣碎，放入葱、姜等调味品煮沸，然后再饮用。

那个时候泡茶居然要加葱？

??

吃惊

好茶！好茶！

全社会饮茶风气的形成应该是在唐代，人们无论是会友、待客、休闲、解乏都会选择饮茶。到了中唐时期，官府开始征收茶叶税，可见当时茶叶贸易有多兴盛。

到了宋代，喝茶方式也跟我们现在不一样，他们会用专门的工具把茶饼碾成粉末，用沸水冲点，再用茶筅（xiǎn）打出泡沫后饮用。

到了明代，用沸水直接冲泡茶叶的饮用法才普及开来。

你知道吗？

根据发酵程度的不同，茶叶可以分为六类，你知道是哪六类吗？

红茶
发酵度：100%
茶色：深红色
茶汤：朱红色
优秀代表：祁门红茶、滇红

绿茶
发酵度：0
茶色：绿色
茶汤：黄绿色
优秀代表：西湖龙井、黄山毛峰、洞庭碧螺春、六安瓜片

青茶
发酵度：15-70%
茶色：深绿色、青褐色
茶汤：宝绿色、蜜黄色
优秀代表：冻顶乌龙、安溪铁观音、大红袍

黄茶
发酵度：10%
茶色：黄色
茶汤：黄色
优秀代表：君山银针、霍山黄芽

白茶
发酵度：5-10%
优秀代表：银针白毫、白牡丹、寿眉

因为采摘的是茶树的嫩芽，细嫩的芽叶上面覆满了细小的白毫，故名"白茶"。

黑茶
优秀代表：云南普洱茶、湖南黑茶

黑茶属于后发酵茶，存放的时间越长越好，是我国特有的茶类。

15

如果古代也有自动贩卖机

各色饮料

西周时，饮料除了酒之外还有浆、醴等。在《周礼》中，有"浆人"这一职位，主要负责管理王室成员的饮品。

除了酒和茶，古代还有其他饮料吗？

是什么是什么？

作为古代小朋友，我们很负责任地告诉你们：有。

好奇

我国古代北方少数民族的饮食习惯是"食肉饮酪"，"酪"指各种乳制品。随着民族融合，饮用乳品的习惯传播开来。比如成书于南北朝时期的《齐民要术》中就介绍了酸奶的制作方法。

到了唐代，饮品更加丰富了，有杏酪、葡萄浆、蜜浆、甘蔗浆、乳浆等。还有一种叫作"饮子"的特殊饮料，由各种草药熬制而成，具有防病、养生的功效，种类有枸杞饮、地黄煎、云母浆等。

饮子

养生

保健

宋代的"饮子"风靡大江南北，出现了更多的品种，比如葛根饮子、大黄饮子、蔷薇饮子、草果饮子、清凉饮子等，夏天，人们还能买到加冰的冷饮。

到了元代，饮用乳品成为风尚。牛奶、羊奶、马奶，甚至还有骆驼奶，这些美味的乳品受到了老百姓的欢迎。

老板，一杯草果饮子，全糖加冰！

每天一杯奶身体强又壮！

我们已经知道周天子喝的饮料由"浆人"来管理，那么宫中的浆人的人数有多少呢？根据《周礼》的记载有 170 人之多，他们准备的饮料主要是"六饮"。你知道这六种饮料分别是什么吗？

你知道吗？

水

浆
一种微酸的粮食发酵饮料。

醴 lǐ
一种很淡的甜酒，曲少米多，发酵一晚就可以喝了。

凉
以炒米、梅干加水煮成后，放凉而成的冷饮。

医
比醴味道更淡的发酵饮料。

酏 yǐ
酿酒所用的清粥或黍酒。

中国历史悠久，海纳百川，漫长的时光中，各种远道而来的食物朋友们加入了中华美食的大家庭，带来各种特别、奇妙的味道。

西汉时，出于军事目的，汉武帝派张骞出使西域，历经千辛万苦的张骞探索了西域与中原的通道，虽然军事目的没有达成，但却促进了西域与中原地区的商贸、文化联系。随着丝绸之路商业活动的不断开展，西域的农作物传入中原。

这些品种都是从西域传入中原的哦！

葡萄　芝麻　石榴　大蒜

香菜　胡萝卜　黄瓜　无花果

到了明代，永乐皇帝朱棣为了宣扬国威，派郑和率领着当时世界上最庞大的船队出使远航。郑和船队七下西洋，拜访了很多国家和地区，拓展了海外贸易。很多外国农作物在明代时被引进中国，现在已经成为我们餐桌上的常客。

明代时从美洲来到中国的食物朋友们：

玉米

可以被做成烤玉米、玉米面、玉米粥、爆米花等。

马铃薯

又叫洋芋、土豆，可以做成薯条、炒土豆丝、薯片等。

花生

花生可以榨油，还可以煮着吃、炒着吃，是今天常见的下酒小菜和小零食。

番茄

今天，番茄炒蛋已经是中国广大地区最为普及的一道家常菜。

向日葵

葵花籽不但可以榨油，还是物美价廉的小零食。

有一种神奇的农作物，外表看起来毫不起眼，甚至难登大雅之堂，但在饥荒时期却救活了很多受饿的百姓，它就是 番薯，也叫红薯、地瓜。番薯原产于国外，明代才来到中国，你知道番薯是怎么传入中国的吗？

番薯起源于墨西哥到秘鲁一带的 热带美洲，后来传到菲律宾。一位叫陈振龙的商人看到番薯不但味美管饱、产量大，还易于在贫瘠的土地上种植，又想到自己的家乡福建耕地有限，粮食不足，于是下定决心要把番薯引进中国。他费了很多周折，终于将番薯藤带回了福建。

番薯的引进使得中国广大山区的土地得以开发，过去不能种植水稻的山地现在可以种植番薯。高产的番薯一次又一次地在饥荒之年拯救了百姓。

原来还有这样的故事啊。

17

指点食桌的小米棍

的

筷子

筷子是我们用得最得心应手的餐具。中国是筷子的发源地，在古代，它被称为 箸。岁月变迁，在今天，既轻巧又方便的筷子已被看作是中国的国粹之一。

一定要赢！

我筷子用得可好了。

夹珠子大赛

筷子的使用可能已经有 3000 多年的历史，《韩非子》中记载了关于商纣王和他的象牙筷子的故事。

成语"象箸玉杯"，用于形容极度奢华的生活。

筷子诞生之后，历朝历代的中国人在它的**选材**和**制作**上可是花费了不少工夫。

最早的筷子就是简单的木棍。

殷商时期出现了青铜筷子。

隋唐时期，金银制作的筷子在富贵人家很流行。

汉代流行竹木材质的筷子。

虽然只是两根小棍子，但筷子在形状上也在不断创新。宋元时期，出现了六棱、八棱的筷子；明清时期，和今天一样"上方下圆"的筷子流行开来。有些筷子不但装饰考究，人们还会在上面题诗作画，使之成为高雅的艺术品。

想要熟练地使用筷子，需要经过训练，掌握技巧。用餐时全靠 大拇指、食指 和 中指 三指恰当掌握，无名指辅助协作，才能将筷子运用自如。

你知道吗？

除了本身轻巧、灵活、耐用的特点外，筷子的精神也一直影响着我们，你知道什么是 "筷子精神" 吗？

筷子正直而不弯曲，奉献而不求回报，平等而不会独大，合作而不会争功，同甘共苦，共同进退。"筷子精神"是一种忘我的奉献精神，一种坚定的执着精神，一种不以己悲的豁达精神，一种互助合作的共赢精神，这种精神值得我们每一个人学习。

筷子 精神

向筷子学习！

18

给食物找个家

食物的储存

新石器时代，我们的祖先学会了农耕和畜牧，不用再过饥一顿饱一顿的日子了。随着生产力的发展，剩余的食物越来越多，尤其到了夏天，食物很快就会 腐烂，即便是储存到陶罐中，过不了多久也会坏掉。

对于没有冰箱的古代人来说，如何贮存食物真是个头痛的难题。

办法总比困难多。

有什么好办法？

仓窖法
jiào

这种方法多用于储藏量较大的粮食、水果或蔬菜。一般来说，北方干燥土厚，多采用地窖法。南方地下水位高，气候湿热，就在地面建起粮仓，不但能防潮、防盗、通风，还可以防止虫害与鼠害。

北

南

盐的魔法！

盐制法

利用盐或其他配料，对新鲜食品进行腌制加工，这不仅是保存食物的好方法，而且还能得到意想不到的美味。盐制法主要用在蔬菜和肉类上，如各种腌菜、腌鱼、腌肉等。

糖制法

如何延长新鲜水果的食用期限呢？可以用糖渍的方法处理完整的果实或切块的果肉。像蜜饯、果脯一类的食品就是通过这种方法制作的。

甜甜的，好吃。

干燥法 微生物的繁殖会导致食物腐烂，而当食物中水分降低到一定比例以下时，微生物的活动会被抑制。人们利用这个原理，使用日晒、烘烤等办法制作干海带、干菜等易于长期保存的食品。

你知道吗？

冰箱是 1901 年才问世的，它对人类保存食物做出了巨大贡献，给人们的生活带来许多方便。那么古代有没有冰箱呢？

实际上，中国在古代就有了"冰箱"。虽然它跟现代的电冰箱有很大差别，但是仍可以起到保鲜食物的作用。

在《周礼》中记载了一种用来储存食物的"冰鉴"。

"冰鉴"是一个两层的青铜器，内部是空的，可以放食物或酒水。两层容器的中间放入冰块，这样就可以对食物起到防腐保鲜的作用了。

索引

饺子 21

点心 25

辣椒 41

火锅 29

小吃 33

酒 49

茶 53

gēng
羹汤 45

外来的美食们 61

各色饮料 57

筷子 65

糖 37

食物的储存 69

接下来，请家长帮助小朋友剪下问题卡片，让我们开启"你问我答"的游戏之旅吧！

乙

难度 ★★★★☆☆

班固在哪本书说过古代人类只知道自己的妈妈，不知道爸爸？

丙

难度 ★★☆☆☆☆

在没有学会用火之前，人类吃什么呢？

超

难度 ★★★★★★

传说中哪位圣人教会先民在树上用木头搭房子住？

超

难度 ★★★★★★

你知道古代典籍里的"火祖"指的是谁吗？

甲

难度 ★★★★★☆

最早的蒸锅叫什么呢？

丙

难度 ★★☆☆☆☆

人类饮食开始向健康饮食方向大步迈进的标志是什么呢？

流淌的中华文明史

答案：有巢氏

流淌的中华文明史

答案：生的食物

流淌的中华文明史

答案：《白虎通义》

流淌的中华文明史

答案：食用火烤的熟食

流淌的中华文明史

答案：陶甑

流淌的中华文明史

答案：燧人氏

难度 ★★★★★☆

彭祖最为后人熟知的是什么？

超

难度 ★★★★★★

你知道中国第一部营养学专著是什么吗？

丙

难度 ★★☆☆☆☆

传说豆腐是谁发明的呢？

甲

难度 ★★★★☆☆

古代豆腐又被称为什么呢？

丙

难度 ★★☆☆☆☆

四川成都有道以豆腐为主料的名菜，味道麻辣鲜香，你知道是什么吗？

甲

难度 ★★★★★☆

你知道中国的五大名面有哪些吗？（至少1种）

流淌的中华文明史

流淌的中华文明史

流淌的中华文明史

答案：淮南王刘安

答案：《饮膳正要》

答案：长寿

流淌的中华文明史

流淌的中华文明史

流淌的中华文明史

答案：四川担担面、北京炸酱面、山西刀削面、武汉热干面、两广伊府面

答案：麻婆豆腐

答案："软玉""小宰羊"

丙

好 吃

难度 ★★★★★★★

哪个朝代面食大量出现并且推广开来？

超

难度 ★★★★★★★

"面条"这个词在哪个朝代开始正式通用起来了呢？

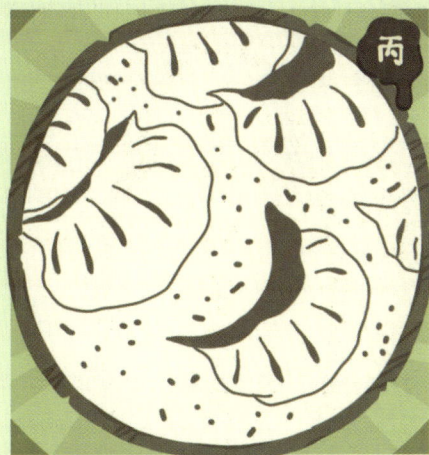

丙

难度 ★★★★★★★

你知道饺子的其他叫法吗？（至少1种）

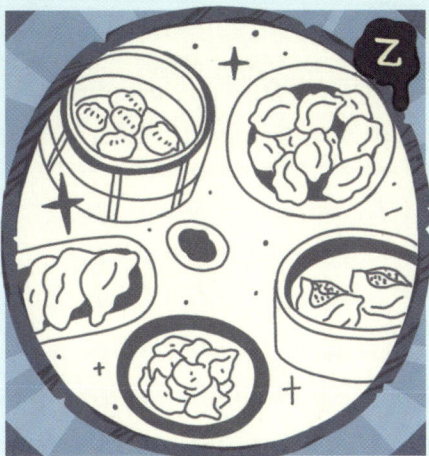

乙

难度 ★★★★★★★

你能说出各地的特色饺子吗？（至少1种）

丁

难度 ★★★★★★★

你知道在中国什么日子有吃水饺的习俗吗？（一种即可）

乙

绿豆糕

难度 ★★★★★★★

中国的传统点心在哪个朝代进入了蓬勃发展时期？

流淌的中华文明史

答案：角子、扁食、饽饽

流淌的中华文明史

答案：宋代

流淌的中华文明史

答案：唐代

流淌的中华文明史

答案：唐代

流淌的中华文明史

答案：冬至、大年三十

流淌的中华文明史

答案：广东虾饺、上海锅贴、东北老边饺子、四川钟水饺

超

难度 ★★★★★★★

闻名天下的苏式糕点起源于什么时期呢？

丙

难度 ★★☆☆☆☆

你知道北方糕点主要以哪个地区的糕点为代表吗？

甲

难度 ★★★★☆☆

在中国古代，火锅又被叫作什么呢？

乙

难度 ★★★☆☆☆

历史上最盛大的火锅宴是由谁主办的呢？

甲

难度 ★★★★☆☆

最早的原始火锅出现在什么时候呢？

甲

难度 ★★★☆☆

萨其马是哪里的小吃呢？

流淌的中华文明史

答案：古董羹

流淌的中华文明史

答案：北京

流淌的中华文明史

答案：隋唐时期

流淌的中华文明史

答案：北京

流淌的中华文明史

答案：商周时期

流淌的中华文明史

答案：乾隆皇帝

丁

难度 ★☆☆☆☆☆☆

鸭血粉丝汤是哪里的著名小吃？

甲

难度 ★★★★☆☆☆

大约在什么时候，中国人就知道如何从粮食中获取糖了？

丙

难度 ★★☆☆☆☆☆

中国是从什么时候开始种植甘蔗的呢？

乙

难度 ★★★☆☆☆☆

从哪些原料里可以提炼出糖呢？（至少1种）

丙

难度 ★★☆☆☆☆☆

辣椒原产于哪里呢？

甲

难度 ★★★★☆☆☆

辣椒是什么时候传入中国的呢？

流淌的中华文明史

答案：战国时期

流淌的中华文明史

答案：先秦时期

流淌的中华文明史

答案：江苏南京

流淌的中华文明史

答案：明代后期

流淌的中华文明史

答案：墨西哥、秘鲁

流淌的中华文明史

答案：麦芽、甘蔗、甜菜

超

难度 ★★★★★★★

《礼记》中饭食和羹汤正确的摆放位置是怎么样的呢？

甲

胡辣汤

莼菜汤

难度 ★★★★★☆☆

胡辣汤、莼菜汤分别是哪里的特色汤品？

甲

难度 ★★★★★☆☆

世界三大蒸馏名酒是哪三种？

丙

难度 ★★☆☆☆☆☆

你知道这款夏商时候喝酒的酒器叫作什么吗？

超

难度 ★★★★★★★

"酒池肉林"这个成语讲的是商朝哪个统治者的荒唐事？

乙

难度 ★★★★☆☆☆

当今世界最流行的三大非酒精类饮料是什么呢？

流淌的中华文明史

答案：茅台、白兰地、威士忌

流淌的中华文明史

答案：河南、杭州

流淌的中华文明史

答案：饭食放在左边，羹汤放在右边。

流淌的中华文明史

答案：茶、咖啡、可可

流淌的中华文明史

答案：商纣王

流淌的中华文明史

答案：爵

难度 ★★★★★★★

丁

在古代，筷子被称为什么呢？

难度 ★★★★★★★

甲

《韩非子》中记录了哪位君王使用象牙筷的故事？

难度 ★★★★★★

丁

茶的原产地在哪里？

难度 ★★★★★★

超

宋代人是怎么喝茶的呢？

难度 ★★★★☆☆☆

乙

在哪个朝代，饮用乳品成为风尚？

难度 ★★★★☆☆

甲

在宋代，夏天你能买到加冰的饮料吗？

流淌的中华文明史

答案：中国

流淌的中华文明史

答案：商纣王

流淌的中华文明史

答案：箸

流淌的中华文明史

答案：能

流淌的中华文明史

答案：元代

流淌的中华文明史

答案：把茶饼碾成粉末，用沸水冲点，再打出泡沫后饮用。

难度 ★★☆☆☆☆☆

汉武帝派遣谁出使了西域?

难度 ★★★★☆☆☆

哪些农作物是从西域传入中原的呢?（至少3种）

难度 ★★☆☆☆☆☆

玉米原产于哪里呢?

难度 ★★★★☆☆☆

明代从国外引入了哪些农作物?（至少2种）

难度 ★☆☆☆☆☆☆

番薯是什么时候传入中国的呢?

难度 ★★☆☆☆☆☆

这种类似于冰箱,用来存储食物的器具叫什么呢?

流淌的中华文明史

流淌的中华文明史

答案：葡萄、胡萝卜、黄瓜、石榴、大蒜、香菜、无花果、芝麻

流淌的中华文明史

答案：南美洲

答案：张骞

流淌的中华文明史

流淌的中华文明史

流淌的中华文明史

答案：冰鉴

答案：明代

答案：辣椒、番薯、马铃薯、玉米、花生、番茄、向日葵